F. Douaire

DIRECTEUR DES SERVICES AGRICOLES DU LOT

LA GUERRE

ET

L'AGRICULTURE DE DEMAIN

Conférence faite à la Société d'Agriculture du Lot le 3 avril 1915

CAHORS

IMP. DU QUERCY, G. ROUGIER

4, RUE FRÉDÉRIC SUISSE, 4

1915

La Guerre et l'Agriculture de demain

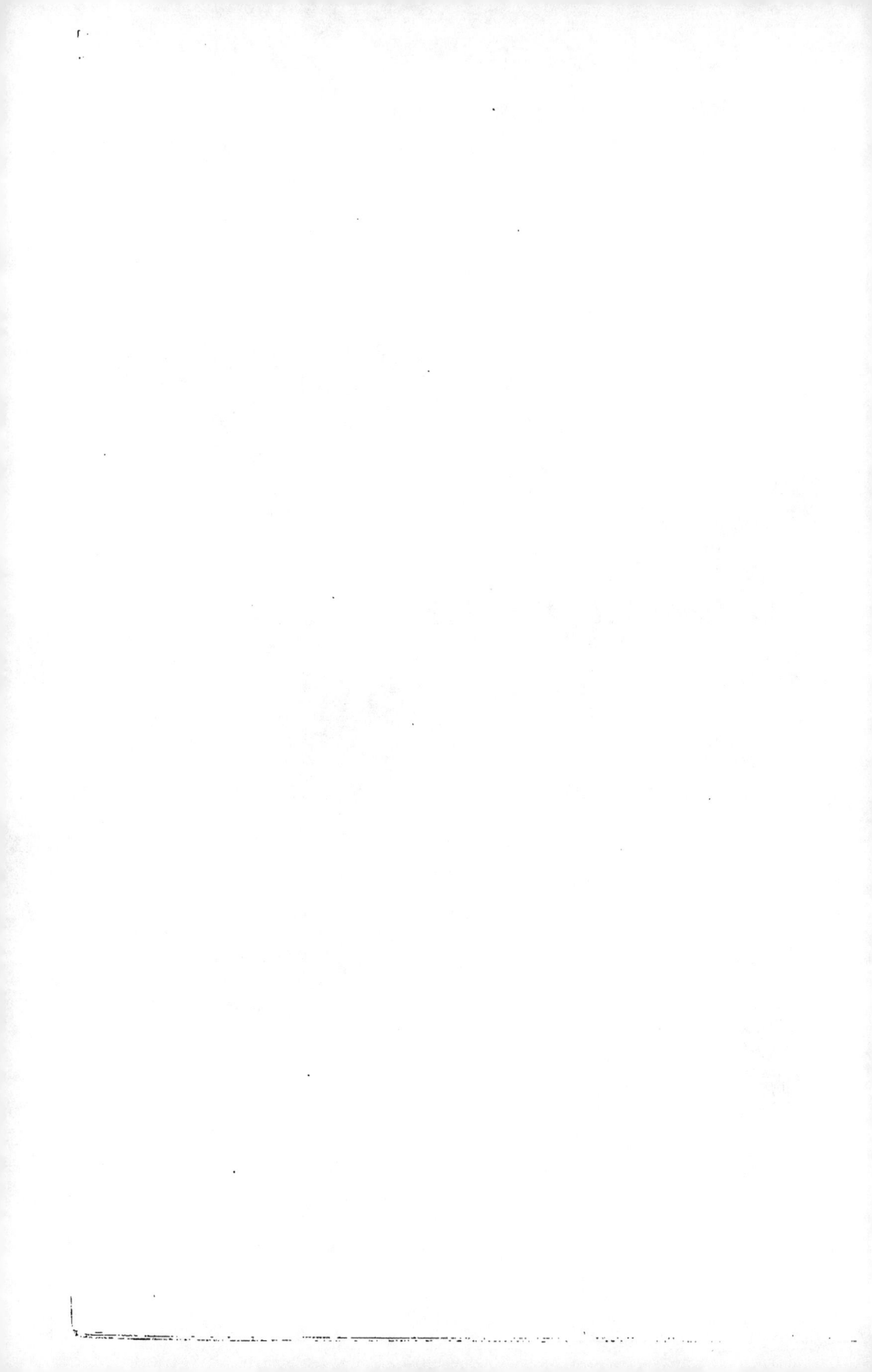

F. DOUAIRE

DIRECTEUR DES SERVICES AGRICOLES DU LOT

LA GUERRE

ET

L'AGRICULTURE DE DEMAIN

Conférence faite à la Société d'Agriculture du Lot le 3 avril 1915

CAHORS

IMP. DU QUERCY, G. ROUGIER

4, RUE FRÉDÉRIC SUISSE, 4

1915

La Guerre et l'Agriculture de demain

Conférence faite à la Société d'Agriculture du Lot
le 3 Avril 1915.

Messieurs,

La guerre entraînera certainement des modifications économiques plus ou moins profondes qui auront leur répercussion sur toutes les branches de l'activité nationale ; l'agriculture n'échappera pas à ces modifications et dès aujourd'hui il faut songer à s'organiser en vue de la production de demain.

Essayons, bien qu'il soit très difficile d'être prophète dans son pays, de rechercher quelles peuvent être les conséquences de la guerre sur l'agriculture en nous basant sur l'expérience du passé et la logique des faits, et, de cet examen, cherchons à en dégager des indications utiles aux agriculteurs du Lot.

Un caractère commun à toutes les guerres est la grande destruction de capitaux qu'elles entraînent, destruction suivie aussitôt la paix d'une inflation de la production.

La diminution des capitaux se produit par consommation excessive, usure intensive, dévastation, arrêt des transactions, dérivation de l'activité disponible sur les industries d'approvisionnements des populations engagées dans la guerre.

Sous ces rapports, la guerre de 1914-1915 surpassera de beaucoup les précédentes et tout fait prévoir qu'au lendemain de la victoire s'ouvrira pour nous une période de suractivité économique. Il faudra en effet répondre aux demandes de la consommation, refaire les approvisionnements, reconstituer les stocks, et, pendant quelques années, la concurrence sera peu difficile ; ce n'est que lorsque les exigences précédentes auront été réalisées que les conditions de la concurrence redeviendront normales et rudes.

En présence de cette situation, quel sera le sort de notre agriculture locale ? Il dépendra des efforts faits par tous et de la direction plus ou moins convenable donnée aux productions végétale et animale. Dans notre département, nous sommes rassuré sur la puissance de travail de toutes les familles rurales ; les prodiges de travail et de solidarité réalisés depuis la mobilisation nous sont un sûr garant de ce que l'avenir nous réserve et si nos agriculteurs savent s'orienter convenablement, ils verront s'ouvrir après la guerre une période de prospérité agricole. Après la guerre il y a lieu de prévoir sinon une disette de vivres, comme le dit le président Wilson, du moins une rareté assez sensible, d'où nous pouvons en déduire que les substances alimentaires sont assurées d'une vente facile à des prix rénumérateurs ; donc les céréales, blé, maïs, avoine. orge, les légumineuses, haricots, pois, lentilles, etc., se vendront facilement malgré la concurrence des pays plus producteurs. La pomme de terre verra ses débouchés s'accroître et peut-être encore plus les productions fruitières. Quant au bétail, la diminution due aux réquisitions, aux ventes excessives ont déjà déterminé dans notre département une raréfaction qui se traduit par une hausse des prix, et, il y a quelque temps, dans une petite brochure nous écrivions ce qui suit:

« En présence de cette situation, nos agriculteurs doivent savoir « s'orienter et prendre toutes dispositions utiles pour l'avenir.

« Il est nécessaire :

« 1º D'éviter les ventes excessives et de résister à la tentation des prix « actuels en restant persuadé qu'une baisse du prix de la viande n'est « pas probable avant la reconstitution des troupeaux, c'est-à-dire avant « plusieurs années et cela malgré les importations possibles.

« 2º De conserver précieusement tous les jeunes animaux et de ne « livrer à la boucherie que les veaux et les agneaux dont la confor-« mation est trop défectueuse.

« 3º De conserver toutes les vaches pleines, toutes les génisses et « d'éviter l'abatage des veaux femelles.

. . . .

« 5º D'organiser les exploitations en vue de la production d'aliments « destinés au bétail. » . . . . .

En résumé, nous pouvons dire que l'agriculture du Lot doit s'organiser en vue d'augmenter la production des substances alimentaires végétales et animales. Comment procéder ? Le problème et complexe, sa solution n'est pas unique ; elle dépend à la fois du milieu physique : sol et climat, et du milieu économique.

Afin de donner des indications aussi précises que possible, nous examinerons successivement les différentes régions agricoles du Lot, cependant avant, il nous paraît nécessaire d'envisager des questions qui intéressent tout le département.

Main-d'œuvre et Machinisme

Avant la guerre, la main-d'œuvre se faisait déjà très rare et plusieurs fois, dans nos réunions de la Société d'agriculture nous avons cherché la solution à ce problème; après, la crise sera encore plus aigüe; les mêmes difficultés aggravées subsisteront et il nous faudra recourir à la main-d'œuvre étrangère. A ce propos, il nous paraît utile de signaler la création de l'OFFICE NATIONAL DE LA MAIN-D'ŒUVRE AGRICOLE » qui, créé et fonctionnant sous le patronage du Ministère de l'Agriculture et des grandes Sociétés Agricoles, a pour but de centraliser toutes les offres et demandes d'emplois en matière de travail agricole. Il y aurait lieu de constituer dans le Lot un Comité départemental qui servirait d'intermédiaire entre les agriculteurs et l'Office National. Dès aujourd'hui, le Ministère des Affaires Etrangères fait savoir qu'un grand nombre de chômeurs résidant dans la province d'Alméria (Espagne), seraient disposés à venir travailler en France.

Nous ne devons pas nous dissimuler que la main-d'œuvre exigera des salaires de plus en plus élevés de telle sorte que, toutes réflexions faites, nous pensons qu'il n'y a qu'une solution à ce grave problème, c'est rendre le travail des champs moins pénible et payer les ouvriers aussi cher que dans l'industrie. Ce double résultat ne pourra être obtenu que par l'emploi de plus en plus généralisé des machines. En effet, nous ne devons pas oublier qu'en fait de production de force, la machine humaine est celle qui donne l'énergie au prix le plus élevé, puis vient la machine animale et enfin c'est dans la catégorie des machines inanimées qu'on trouve les sources d'énergie les plus économiques. Seule, la machine par son rendement permet de produire à meilleur compte et par conséquent de donner aux ouvriers agricoles des salaires industriels en exigeant d'eux un travail moins pénible et plus agréable.

La rapidité du travail mécanique permet de faire les travaux en temps opportun et rend l'agriculteur plus maître de son exploitation.

L'emploi des machines est un des moyens de maintenir les ouvriers à la ferme ; les instruments agricoles perfectionnés sont d'un maniement relativement simple et les ouvriers en apprennent assez rapidement le fonctionnement ; pour conduire les machines, il s'établit entre eux une émulation qui est un merveilleux facteur d'activité et d'ordre. Les ouvriers chargés de la direction des machines comprennent très bien qu'en émigrant vers les usines, ils se trouveraient perdus dans la masse qui peuple l'atelier, et l'amour-propre qui les pousse à déserter les campagnes pour devenir quelqu'un les retient à la ferme pour rester quelqu'un.

Malgré les nombreux avantages que présentent les machines, leur propagation sera lente et difficile dans le département pour plusieurs raisons :

1º Toutes les machines exigent une immobilisation de capitaux ; on hésitera longtemps devant le sacrifice, jusqu'au jour où il ne sera plus possible de se tirer d'affaire autrement.

2º Le département est un pays de petite et de moyenne culture à morcellement du sol exagéré qui rend l'emploi des machines plus difficile et plus coûteux ; l'association bien comprise peut, dans une certaine mesure, obvier à ces inconvénients. La création des sociétés pour l'achat et l'emploi des instruments s'imposera à bref délai.

3º Nos constructeurs français et particulièrement nos constructeurs régionaux n'ont pas fait jusqu'à ce jour les efforts nécessaires pour satisfaire les besoins locaux. En France, nous importions chaque année de grandes quantités de machines agricoles et sur nos importations totales, les machines allemandes représentaient de 30 à 50 0/0.

Il nous faudra rapidement faire connaître à tous les machines, leur fonctionnement ; là, le rôle des Associations agricoles nous paraît devoir être important. Des essais devront être faits dans un grand nombre de communes, nous espérons que les constructeurs se prêteront facilement à ces essai tes que le Département, les Associations ne nous marchanderont pas leur concours moral et financier.

En premier lieu, devront être vulgarisés les brabants, les cultivateurs, les pulvériseurs, les herses canadiennes, les faucheuses, les râteaux à cheval, les semoirs, pour l'agriculture proprement dite; puis les décavaillonneuses, charrues interceps, les houes, les herses, les pulvériseurs pour le travail du sol des vignes, les pulvérisateurs et les soufreuses à bât ou à traction, pour les traitements anticryptogamiques.

En résumé en vue de remédier à la crise de la main-d'œuvre, des mesures de deux sortes peuvent être envisagées :

1º *Immédiates* : Création d'un Comité départemental de la main-d'œuvre agricole ;

Vulgarisation des machines par des essais démonstratifs;

Organisation convenable des exploitations.

2° *Plus ou moins lointaines* : Création de Sociétés pour l'achat et l'utilisation des instruments perfectionnés.

Remembrement de la propriété afin de faire disparaître les inconvénients du morcellement exagéré.

Amélioration des façons culturales.

Les recherches scientifiques nous apprennent que la production d'un kilo de matière sèche exige, en moyenne, la transpiration par la plante de 300 kilos d'eau. En d'autres termes, les quantités d'eau suivantes doivent être puisées par les racines dans le sol et évaporées par les feuilles de nos plantes cultivées et cela pour une production moyenne :

Blé................1.476.000 K. par hectare cultivé
Pommes de terre.....1.320.000   id.
Prairies artificielles...1.375.000   id.
Betteraves ....2.225.000   id.

Ces quantités correspondent à une hauteur de pluie de 132 à 222 millimètres. Les observations météorologiques nous apprennent que, dans le Lot, la hauteur moyenne des pluies est de 810 millimètres.

La quantité d'eau vaporisée par les récoltes est donc une fraction importante de la chute de pluie annuelle ; or, une partie notable de cette eau ruisselle à la surface, s'écoule dans les fossés, une autre s'infiltre profondément, va former des sources et se trouve ainsi perdue pour la végétation ; enfin l'évaporation directe en enlève une forte proportion de telle sorte que la quantité d'eau disponible n'est pas suffisante pour assurer une grosse production d'autant plus que les chutes de pluie ont lieu surtout pendant le repos de la végétation : une des préoccupations les plus impérieuses des cultivateurs sera d'assurer aux plantes l'eau dont elles ont besoin. Pour cela, il faut réduire la consommation d'eau et augmenter les réserves du sol.

Nous pouvons dans une certaine mesure éviter le gaspillage de l'eau en nous souvenant que, pour former la matière sèche, les plantes évaporent d'autant moins qu'elles reçoivent ou non les engrais nécessaires à leur croissance. L'emploi des engrais est un des moyens de remédier à la sécheresse.

Dans les pays où, comme dans le Lot, les pluies surviennent surtout en hiver, il est important de retenir dans le sol le plus d'eau possible en vue des récoltes ultérieures. Les façons culturales bien comprises et exécutées convenablement y contribuent puissamment. '

Après moisson, la surface du sol est desséchée ; sur cette croûte les eaux ruissellent, s'évaporent et pénètrent difficilement dans la terre : si, au contraire, la surface est labourée, le ruissellement est diminué, la pénétration favorisée, en même temps, les particules de terre étant écartées les unes des autres, le sol retient une plus grande quantité d'eau. Ces faits nous montrent toute l'importance des labours de déchaumage qui présentent d'autres avantages ; ils permettent la destruction des mauvaises herbes, l'enfouissement et la germination des graines des plantes nuisibles. Dans notre région, trop de cultivateurs considèrent comme un bienfait la maigre pâture qui couvre les chaumes et lui laissent prendre force et vigueur pour la faire paître par les troupeaux ; des sols ainsi traités ne seront jamais propres et les récoltes qu'ils porteront seront toujours faibles par suite des mauvaises herbes.

Nous devons donc déchaumer complètement après moisson et pour cela, les charrues déchaumeuses, les cultivateurs, les pulvériseurs seront avantageusement utilisés.

Les sols ainsi déchaumés, c'est-à-dire travaillés très superficiellement seront labourés à l'automne aussi profondément que possible ; ces labours seront laissés en grosses mottes ; ainsi disposés, ils offrent aux pluies et aux gelées des bandes saillantes, irrégulières qui emmagasinent bien l'eau. Ces labours sont indispensables pour les terres fortes, terres du « Limargue », et les terres silico-argileuses battantes des alluvions du Lot et du diluvium.

Nous ne saurions trop insister sur la nécessité de modifier les pratiques habituellement suivies dans notre département où trop souvent nous voyons en mars et avril des terres qui n'ont pas été déchaumées et que les cultivateurs écorchent à quelques centimètres seulement avant d'y déposer les semences. La levée s'effectue, mais bientôt les racines trouvant un sous-sol dur ne peuvent alimenter convenablement les plantes et celles-ci végètent, restent chétives.

Nous devons de plus, chaque fois que la nature du sous-sol le permettra, augmenter la profondeur des labours ; il sera toujours prudent de faire les labours progressifs en se contentant de gagner chaque fois quelques centimètres de profondeur de façon à ne pas mélanger le sous-sol non aéré à la couche arable. Si la force des attelages ne permet pas de faire des labours profonds, si la nature du sous-sol est mauvaise, il y a lieu de pratiquer un labour ordinaire suivi d'un fouillage.

Au printemps ou pendant l'été, il faut après un labour pulvériser les mottes ; c'est le but du hersage. Cette opération peut encore être utilisée pour enterrer les graines, pour enfouir les engrais pulvérulents. Beaucoup de cultivateurs ne se doutent pas que les céréales doivent être hersées au printemps. Ce sont surtout les blés en terres argileuses, et battantes qu'il faut herser ; l'avoine et l'orge se trouvent également bien d'un hersage dès qu'elles ont 5 à 6 feuilles.

Sur les céréales, la herse rompt la croûte, ameublit la surface, favorise l'aération et l'échauffement du sol et la pénétration des pluies. Aux cultivateurs, nous dirons : en faisant cette opération, ne regardez pas derrière vous.

Il n'est pas jusqu'aux prairies naturelles et permanentes qui ne se trouvent bien de deux hersage croisés exécutés en février ou mars. Toutes ces pratiques à peu près inconnues dans notre département doivent y être généralisées.

Enfin, nous croyons devoir appeler votre attention sur la nécessité des binages qui agissent en maintenant l'humidité dans le sol, en favorisant l'aération et en détruisant les plantes adventices, les binages doivent être non seulement appliqués aux plantes sarclées, mais à toutes les cultures, leur exécution permettra aux agriculteurs de réaliser une augmentation très appréciable des rendements ; elle n'est possible qu'avec des semis effectués en lignes; encore une façon de procéder qui doit s'implanter dans le Lot.

Les différentes opérations culturales doivent être combinées et exécutées de telle sorte que dans les sols en culture, il n'y ait « ni mottes, ni croûtes, ni herbes ». Ces résultats ne pourront être obtenus, par suite de la rareté de la main-d'œuvre, que par une diminution des superficies en culture et par l'emploi des machines.

Semences et Semailles

Si une bonne préparation du sol est un progrès à réaliser le choix des semences et la bonne exécution des semailles en sont deux autres très importants. Il faudra prendre d'autant plus de soins pour les semailles que le sol aura été mieux préparé, mieux fumé.

Trop souvent nos cultivateurs oublient que *semblable engendre semblable* et économes à l'excès, ils regardent plus à la dépense à faire qu'à la qualité de la marchandise à acheter. L'essentiel pour eux c'est de dépenser peu d'argent.

S'agit-il de céréales ? Un lot tout venant, ni criblé, ni trié est trop souvent employé parce que il coûte moins cher. Qu'arrive-t-il en procédant ainsi ? Les petites graines donnent des plantes rabougries, les grains cassés ne germent pas ; au battage le rendement est faible, la qualité médiocre. En voulant économiser 5 ou 6 francs sur un quintal de blé de choix, le cultivateur a perdu plus de 50 francs.

S'agit-il de luzerne, de trèfle ou sainfoin ? C'est presque toujours aux lots de deuxième et troisième choix qu'on s'adresse, aussi n'est-il pas étonnant que nos plantes fourragères ne produisent que des rendements faibles. Nos grains de choix s'en vont en Angleterre où les cultivateurs n'hésitent pas, avec raison, à les payer un prix élevé.

S'agit-il de créer des prairies, des herbages ou des pâtures ? On emploie trop souvent les fonds de grenier pour procéder aux semailles. Dans ces conditions, dès la première année, le cultivateur perd en fourrage deux fois la valeur de la semence.

S'agit-il de la plantation de pommes de terre ? On prend presque toujours des petits tubercules ou bien on sectionne les gros et les moyens.

Modifions donc résolument ces pratiques en nous rappelant qu'une graine petite, ridée, imparfaite ne peut donner qu'une plante rabougrie et chétive, que de petits tubercules ne peuvent produire que des trochées peu vigoureuses et peu prolifiques.

Les exemples suivants vont montrer l'importance des semences de choix.

M. Zolla, à Grignon, a semé séparément des gros et des petits grains de blé, les premiers provenant du milieu des épis, les seconds des extrémités ; il a obtenu les résultats suivants rapportés à l'hectare :

Gros grains..................... 19 quintaux
Petits grains 14.40

M. Bourgne, Directeur des services agricoles, a trié de l'avoine en l'immergeant dans l'eau. En semant séparément les grains qui tombent au fond (grains lourds) et ceux qui surnagent (grains légers), il a obtenu les résultats suivants par hectare :

Avoine immergée..... 50 hectolitres pesant 50 k. 10 l'hectolitre
Avoine ayant surnagé. 31 .   —   — 42 k. 50   —
Avoine tout venant ... 38.35 —   —   45 k. 60   —

MM. Berthault et Boiret ont fait des expériences sur la pomme de terre, ils ont obtenu les rendements ci-après suivant la grosseur des tubercules plantés :

Gros tubercules........ 38.340 Kilos à l'hectare
Tubercules moyens..... 38.316   —
Petits tubercules....... 33.166   —

Ces chiffres sont des moyennes s'appliquant à trois variétés.

Contrairement à l'opinion généralement admise, il n'est pas nécessaire de changer les variétés cultivées ; trop d'agriculteurs sont tentés de mettre sur le compte d'une variété nouvelle, les bons résultats obtenus, alors que ces résultats sont imputables à des grains de choix triés avec soin. Nous mettons en garde les cultivateurs épris de progrès contre le désir qu'ils ont souvent de changer leurs variétés locales pour introduire chez eux des races d'élite ou perfectionnées, à grand rendement. Qu'ils n'oublient pas que toutes les améliorations culturales doivent marcher de pair et qu'avant de troquer leurs variétés de pays contre des variétés étrangères il faut leur préparer un milieu convenable: c'est d'abord vers l'amélioration du sol que les efforts de l'exploitant doivent se porter. Il faut commencer par labourer plus profondément, amender son terrain et le fertiliser avant de songer à importer des races exigeantes ; elles péricliteraient dans un milieu trop pauvre et donneraient des mécomptes.

Il est assez facile de se procurer la plupart des semences courantes, et d'obtenir de bonnes graines exemptes d'impuretés. Pour selectionner le blé, on choisit un champ fertile où la végétation a été régulière et la maturité parfaite, on prélève les plus beaux épis sur les plus belles touffes, on retranche, avec des ciseaux, les extrémités des épis, on sème les gros grains du milieu dans un sol fertile. En choisissant ainsi, chaque année, de quoi faire une dizaine de litres, on aura, l'année suivante, assez pour ensemencer un hectare et, en continuant avec persévérance cette méthode de sélection, on sera certain d'obtenir les blés les mieux adaptés au sol et au climat de l'ensemble de la ferme.

A ceux qui trouveront cette méthode de sélection trop compliquée, nous conseillons le triage rigoureux des céréales. *Si, dans le Lot, les cultivateurs ne semaient que des blés convenablement triés, le département au lieu d'être importateur de froment pour la nourriture de ses habitants deviendrait exportateur du jour au lendemain.*

Pour l'avoine, on peut séparer les grains lourds des grains légers par immersion dans l'eau. Ce procédé simple, qui donne de si bons résultats, n'est jamais mis en œuvre.

Pour la pomme de terre, on choisira des tubercules moyens, de 90 à 100 grammes, bien pleins et possédant, par dessus tout, de gros germes ou des yeux courts, trapus et volumineux (tubercules femelles), tandis que les tubercules à pousses grêles, à petits yeux doivent être impitoyablement rejetés (tubercules mâles). Bien mieux, on fait la sélection sur le champ, en marquant avant la récolte les belles trochées. On les récolte les premières et on y prend, pour semence, les tubercules moyens ; ce sont des plants issus de touffes vigoureuses qui donneront les plus forts rendements. Ce procédé, à la portée de tous, permet d'obtenir 20 à 30 quintaux de plus à l'hectare, c'est-à-dire deux fois la semence.

Dans le Lot, les semis à la volée sont les seuls utilisés malgré les nombreux inconvénients de ce mode de semis : difficulté d'exécution, inégalité dans la répartition, inégalité dans l'enfouissement, difficulté de régler l'ensemencement. Avec les semis à la volée, les binages sont impossibles à exécuter et la verse est toujours plus à redouter. Les semailles à la volée doivent être remplacées par les semis en lignes qui présentent les avantages suivants : uniformité de répartition des semences en profondeur, économie notable de semence, espacement symétrique des semences, possibilité des façons d'entretien, sarclages et binages, diminution de la verse.

Les semis en lignes peuvent s'effectuer en lignes équidistantes ou en lignes groupées ; nous préférons ce dernier mode qui rend les binages plus faciles et permet également la localisation des fumures.

La viticulture dans le Lot

La culture de la vigne occupe une place importante dans le Lot. Cette importance n'est plus aussi grande qu'autrefois; en effet les statistiques nous montrent les variations suivantes :

En 1831 la vigne occupait..................... 47.328 hectares
    1842   »   »   .... 55.683   »
    1851   »   »   .... 55.816   »
    1879   »   »   .... 81.178   »
    1914   ·»   »   .... 24.000   »

Cette diminution de la vigne, due à la crise phylloxérique, a eu une répercussion désastreuse sur la situation économique locale. Nous estimons néanmoins que cette culture atteint à peu près le maximum de la surface qu'elle peut occuper. C'est qu'en effet, autrefois, la vigne garnissait la plupart de nos côteaux où, aujourd'hui, par suite du manque de main-d'œuvre, les travaux du sol sont impossibles, les traitements anticryptogamiques très difficiles et surtout très coûteux

Le phylloxéra a nécessité la reconstitution des vignes par l'emploi des cépages américains ; les controverses suscitées par l'utilisation des porte-greffes et des producteurs directs sont loin d'être éteintes. Les porte-greffes conservent leurs partisans convaincus, les producteurs directs semblent gagner un regain de faveur ; c'est qu'en effet le mildiou, l'oïdium, le black-rot, par les nombreux traitements qu'ils exigent, les dépenses qu'ils occasionnent, découragent bien des vignerons qui entrevoient le salut dans l'emploi des directs. Dans quelle voie doivent s'engager les viticulteurs du Lot? Nous pensons qu'elle n'est pas unique et quelle dépend du but qu'on se propose.

S'agit-il de faire de la vigne la culture principale, le vin est-il destiné à la vente ? Nous pensons que, dans l'état actuel des producteurs directs, les vignerons doivent continuer à cultiver leurs anciens cépages sur des porte-greffes bien adaptés aux sols et aux greffons. Sous ce rapport il a été fait dans le Lot un usage trop grand du Rupestris et du Riparia ; dans les nouvelles plantations nous recommanderons d'utiliser suivant les sols, les Riparias × Rupestris, les hybrides de Berlandiéri × Riparia qui assureront une meilleure fructification de l'Auxerrois. Nous ne saurions trop recommander aux vignerons de faire également la sélection des greffons en les prenant sur les souches vigoureuses et fructifères.

S'agit-il de produire du vin en vue de la consommation familiale ? Les producteurs directs pourront être utilisés. Ils permettront aux cultivateurs d'obtenir à moins de frais un vin qui, sans être de première qualité, leur suffira dans la majorité des cas. Dans ce cas seulement de la production familiale nous croyons sage d'utiliser les nouveaux cépages. Leur choix est difficile, ils sont tellement nombreux et les résultats qu'ils donnent tellement variables suivant les régions que l'on se trouve très embarrassé quand on veut se faire une idée de la valeur réelle de l'un d'eux. Sous ces réserves, un certain nombre de cépages des collections Couderc, Seibel, Gaillard, Oberlin, etc. pourront être plantés.

Ainsi que nous l'avons dit au début, la viticulture du Lot doit s'organiser et s'orienter en vue de remplacer de plus en plus le travail de l'homme par celui des machines.

Une meilleure vinification s'impose ; ici la création de caves coopératives est, pour l'avenir, le but à atteindre.

La culture fruitière, truffière et maraîchère dans le Lot

Par la nature de ses terres et de son climat, le département du Lot peut devenir un producteur de fruits. Il est même surprenant que la culture fruitière n'y soit pas plus développée.

La production des fruits est rénumératrice ; elle créée la richesse dans les pays qui s'y adonnent et contribue ainsi à maintenir les paysans à la terre. L'extension de la culture fruitière constitue donc à la fois une œuvre économique et sociale.

Pendant assez longtemps, la production des fruits est restée localisée dans les jardins des environs des grandes villes, ou bien elle avait lieu dans des régions éloignées des grands centres de consommation, les produits obtenus étaient transformés pour être vendus ensuite (pruneaux, kirsch, etc.). Puis sous l'influence de cause diverses parmi lesquelles l'établissement des chemins de fer a joué le rôle le plus important, la culture fruitière a escaladé les murs, a gagné les champs et s'est implantée dans un grand nombre de régions.

Les arbres fruitiers permettent l'utilisation d'un grand nombre de terrains peu productifs.

Pour réussir la culture fruitière, il faut s'efforcer de cultiver des variétés marchandes et d'obtenir avec elles des fruits de toute beauté car seuls les fruits de choix ont une vente facile et rénumératrice ; les fruits communs inférieurs sont d'un placement difficile et peu renumérateur. Pour le cultivateur, il faut au début, faire de la culture fruitière une culture accessoire ne changeant pas les cultures habituellement faites ; la surface qui y sera consacrée sera en rapport avec le temps dont on peut disposer. On a intérêt à planter une surface restreinte quitte à serrer un peu plus la plantation.

Dans cette causerie, nous ne pouvons que poser les grandes lignes, les règles générales à observer.

Le *Châtaigner* convient parfaitement pour mettre en valeur les croupes et pentes granitiques du « Ségala », les plus mauvais sols du diluvium ; il procure de beaux bénéfices par une exploitation raisonnée, à condition que l'on ne tue pas la poule aux œufs d'or par abatage irraisonné des arbres en vue de la vente du bois aux industries extractrices de tannin.

Le *Noyer* est un capital qui produit lentement mais sûrement ; il vient mal en massifs et convient surtout pour être placé en bordure des champs. Les noyers sont nombreux dans notre département ; ils devraient l'être beaucoup plus. Les agriculteurs se plaignent de la disparition des noyers par suite de maladie, nous pensons qu'ils manquent de soins. Au moment des labours, évitez de blesser les racines par la charrue ; alimentez convenablement vos arbres en leur donnant du fumier et des engrais. Conservez vos variétés locales, améliorez-les en choississant les greffons sur les meilleurs arbres.

L'*Amandier* est un arbre du midi qui, par suite de sa floraison précoce, craint les gelées. Sa place est aux expositions abritées du nord. Il vient bien sur les éboulis calcaires sans humidité ; il pourra remplacer un grand nombre de vignes anciennes principalement sur les coteaux.

L'*Abricotier* a sa place dans tous les jardins, dans les bonnes situations abritées.

Le *Cerisier* est une essence fruitière des plus rustiques.

Peu difficile sur la nature du sol, il vient à peu près partout pourvu que la terre ne soit ni essentiellement argileuse, ni humide à l'excès. Cet arbre permettra de mettre en valeur des friches du Causse, des sols, des coteaux qui, autrefois complantés en vignes, sont aujourd'hui complètement incultes.

Greffé sur Merisier, il prospère dans les terres fraîches, sableuses et siliceuses ; sur Mahaleb ou Sainte-Lucie, il réussit dans les sols arides, rocailleux, calcaires.

Le *Pêcher* préfère les sols argilo-calcaires légers ; dans les terrains trop argileux, il contracte la gommose. C'est l'arbre des terres à vignes. Il est sensible au climat, il redoute les courants d'air froid, les fréquents brouillards ; aussi les coteaux bien exposés, les vallons où les variations atmosphériques se font peu sentir lui conviennent bien.

Le *Pommier* aime les terres meubles et douces, les terrains à base granitique lui conviennent bien. Il redoute l'excès de sécheresse. Le pommier aura sa place dans la plupart de nos jardins et pourra être utilisé avantageusement dans le Ségala.

Le *Prunier* est un des arbres fruitiers les moins difficiles sur la nature du terrain ; la plupart des sols lui conviennent pourvu qu'ils ne soient ni trop argileux, ni trop humides. C'est l'arbre de la plaine.

Le prunier d'Agen réussit bien sur les terrains argilo-calcaires constituant les collines de la molasse de l'Agenais très développée dans le sud-ouest du département. Dans la partie septentrionale du département le prunier Reine-Claude est assez cultivé. Des améliorations relatives à la taille et aux soins doivent être introduites dans la conduite de ces arbres.

Le *Poirier* est un arbre de la région tempérée plutôt que du midi ; il craint les expositions brûlantes et sèches, il préfère l'atmosphère humide ; sa place sera dans les vallées larges ; il réussira mal sur les plateaux balayés par les vents.

Le *Chêne truffier*, bien que n'étant pas un arbre fruitier, peut être rangé dans la même catégorie, car, comme les autres essences fruitières, il permet l'utilisation de sols qui resteraient improductifs. Sa culture est à développer sur tous les sols oolithiques des causses provenant de la décomposition des calcaires sublithographiques et des calcaires coralligènes.

Le Fraisier qui est déjà cultivé sur une assez grande surface pourrait encore être augmenté.

Enfin, sur les coteaux bien exposés reposant sur la molasse de l'Agenais, le *Chasselas* en vue de la production des raisins de table peut devenir une source de profits pour les propriétaires du sud du Lot. Développer ce qui existe. Améliorer les procédés de conservation sont ici les points les plus importants.

La production des fruits et des truffes ne deviendra réellement avantageuse que du jour où nos cultivateurs sauront s'organiser pour vendre dans de bonnes conditions, du jour où par la création d'associations de vente, ils sauront créer des marques, les imposer, et leur maintenir leur réputation. Dans cet ordre d'idées tout est à faire.

Les cultures maraîchères pourraient également se développer pour le plus grand bien de tous ; elles constitueraient un excellent adjuvant à la culture du tabac. Parmi celles qui sont susceptibles d'obtenir un développement avantageux, signalons les pommes de terre précoces pour les vallées bien abritées, les asperges pour les alluvions siliceuses de la Dordogne, du Lot et du Célé, les petits pois et les haricots, les tomates, etc.

Les produits de la basse-cour.

Les produits de la basse-cour sont loin d'être suffisants. L'élevage des volailles est tout à fait à l'état rudimentaire dans presque toutes les exploitations et, cependant les femmes peuvent, par les produits qu'elles doivent tirer de leurs volailles, concourir puissamment à la prospérité de la ferme. Mieux choisir les coqs et les poules en vue d'améliorer par la sélection les oiseaux de la ferme, mieux nourrir pour obtenir un développement rapide des jeunes et une meilleure ponte, faire usage des couveuses artificielles pour rester maîtresses des naissances, savoir trier les œufs pour mieux les vendre, savoir engraisser les coqs et les poules, telles sont les questions principales à enseigner à nos fermières. L'engraissement des oies en vue de la production des foies gras est à propager et à faire sur une plus grande échelle. Le nombre des oies devient d'année en année insuffisant pour les besoins de la conserve. La France importait chaque année des quantités considérables de foies gras d'Autriche et de Hongrie, et il serait désirable que nous puissions nous passer à tout jamais de ces expéditions de l'étranger.

Seule une éducation professionnelle de nos fermières leur permettra de réaliser tous les bénéfices qu'elles sont en droit d'attendre de l'exploitation de l'intérieur de la ferme ; la création d'une école ménagère agricole est une œuvre à réaliser.

Orientation à donner à l'agriculture dans les différentes régions du département.

Le département du Lot est situé sur le versant occidental du Plateau central ; il présente une pente générale de l'est à l'ouest atteignant plus de 700 mètres. Cette différence de niveau entraîne une différence considérable dans le climat.

« Sa surface est fortement accidentée et coupée dans tous les sens par
« des vallées et des gorges profondes. Le Lot et la Dordogne le traver-
« sent de l'est à l'ouest. Creusées à des profondeurs de 100 à 200 mètres,
« leurs vallées décrivent des sinuosités sans nombre et forment à travers
« l'amoncellement des collines et des plateaux qui constituent notre
« territoire deux longs rubans d'une grande fertilité, mais d'une faible
« largeur. De chaque côté débouchent une infinité des vallées et de
« gorges secondaires qui se ramifient dans tous les sens et dont la
« plupart sont couvertes de fraîches et riantes prairies qui contrastent
« singulièrement avec l'aridité des côteaux qui les bordent. »

(M. Rey.)

Au point de vue agricole, le département du Lot peut être divisé en
un certain nombre de régions différant surtout par l'origine géologique
de leurs sols.

1° Le Ségala

Le « Ségala » comprend la plus grande partie N.-E. du département,
il est constitué par des roches primitives, granit, gneiss, etc. Cette
région a une altitude moyenne de 550 mètres, elle est coupée de nombreux cours d'eau et soumise à une température froide, humide et
variable. Elle comprend la totalité du canton de Latronquière, la plus
grande partie des cantons de Bretenoux, Saint-Céré, Figeac-Est et près
de moitié du canton de Lacapelle-Marival. Dans son ouvrage « L'Agriculture progressive dans le Lot » M. Rey évalue sa superficie à 60.000
hectares soit environ 9 % du territoire total.

Pour les poètes, le granite est le symbole de la durée, et de la solidité,
en réalité si quelques granits sont excessivement résistants, la plupart
d'entre eux subissent sous l'influence d'actions physiques et chimiques
des altérations diverses qui finissent par les désagréger et donner naissance aux terres agricoles. Pendant la décomposition des granits, il se
forme des fragments de diverses grosseurs ; suivant leur poids et leur
volume, suivant la pente sur laquelle ils sont accumulés ces débris
restent en place ou sont entraînés par les eaux ; sur les pentes faibles,
il reste une terre légère qui devient brûlante en été, sur les hauteurs et
pentes un peu fortes, on trouve souvent le roc presque à nu. Dans les
vallons la terre s'accumule et recouvre le roc plus ou moins altéré, plus
ou moins fissuré. Les eaux qui s'infiltrent à travers la couche coulent
sur ce roc, se réunissent dans les dépressions et forment sous terre des
petits ruisseaux qui ne tardent pas à sortir sous forme de sources, -
souvent ces eaux se répandent dans les champs et y produisent des
places humides où la culture est difficile; dans les prés, elles favorisent
le développement des joncs et carex. (Risler).

Ces caractères généraux (abondance des sources) nous indiquent la
destination à donner aux terres granitiques.

Là où le roc affleure la surface du sol, sur les hauteurs et fortes pentes
la culture est impossible et la destination à donner à ces parties est le
bois. Le boisement sera effectué surtout avec le *Pin Sylvestre* qui pourra
être associé aux altitudes les plus fortes à l'*Epicea*.

Dans les régions où les sources sont nombreuses, il faut les utiliser,
en recevoir les eaux dans des réservoirs pour arroser des prés que l'on
créera en dessous. Dans une tournée que nous fîmes l'an dernier,

nous avons été surpris du peu de soins avec lesquels les agriculteurs de l'arrondissement de Figeac utilisent les eaux, nous avons rencontré une quantité de terrains qui, avec un travail bien compris et une meilleure utilisation des eaux, auraient pu être transformés en excellentes prairies tandis qu'ils ne donnaient que de maigres récoltes de seigle et de sarrazin. Ailleurs, nous avons trouvé des prés arrosés dans de mauvaises conditions : les rigoles trop profondes, tracées au petit bonheur, à vue d'œil ont trop de pente ; aucune rigole de collature n'existe et les eaux s'accumulent à la partie inférieure des rigoles d'arrosage où elles font développer les joncs et les carex et finissent par transformer le sol en véritables tourbières.

L'utilisation rationnelle des eaux en vue de la création de nouvelles prairies et de l'amélioration des prés existants sont les améliorations que les cultivateurs du « Ségala » doivent dès aujourd'hui commencer à réaliser.

Pour remplir tout son rôle bienfaisant, l'eau doit couler sur des terrains convenablement disposés sans quoi elle s'accumule dans les cuvettes où elle provoque le développement des plantes marécageuses. Qu'on ne l'oublie pas :

L'eau qui ruisselle, c'est la vie,
L'eau qui dort, c'est la mort.

Pour arroser, il faut donc d'abord étudier le relief du sol et disposer les rigoles suivant les courbes de niveau. Souvent le propriétaire pourra utiliser les eaux dans son champ, dans d'autres cas, pour obtenir le maximum d'effet utile, il faudra une entente entre plusieurs. Dans l'un et l'autre cas, les agriculteurs pourront s'adresser au Service des Améliorations agricoles qui, *gratuitement*, établira les projets d'irrigation.

Les dispositions nécessaires étant prises en vue de l'arrosage convenable, il faut procéder à la création de la prairie par ensemencement. Pour cela, il faut employer des graines de première qualité. Nous recommandons la formule suivante, par hectare :

Paturin des prés.................: ...... 10 kilos
Dactyle pelotonné................ 5   id.
Fromental 5   id.
Ivraie vivace.................... 5   id.
Fétuque des prés................. 5   id.
Trèfle commun.................... 2   id.
Trèfle hybride...:............... 3   id.
Trèfle blanc..................... 2   id.
Minette 3   id.

Il faut assortir ces semences en trois lots; dans le premier on fait entrer les graminées qu'il convient d'enfouir assez profondément : fromental, fétuque et ivraie; dans le second, on réunit les petites semences qui doivent être à peine recouvertes de terre; le troisième lot comprendra les légumineuses. Chaque lot rendu parfaitement homogène est semé séparément, le premier est enfoui à la herse, le second et le troisième par un simple roulage; le semis s'effectue dans une céréale de printemps sur un sol parfaitement nettoyé et convenablement fumé.

Les terres granitiques sont riches en potasse, pauvres en chaux et en acide phosphorique; la chaux sera fournie par un chaulage et l'acide phosphorique par les scories de déphosphoration.

Le développement des prairies se traduira par un accroissement du

nombre des animaux d'où la nécessité de pourvoir à l'alimentation hivernale de ce bétail avec des aliments autres que le foin. On y réussira en donnant plus d'importance à la culture de la pomme de terre, des topinambours, des betteraves et autres racines fourragères.

L'extension des prairies aura pour conséquence une diminution des terres labourables, conséquence heureuse car elle permettra de mieux préparer, de mieux fumer les surfaces cultivées et d'obtenir avec moins de main-d'œuvre un rendement supérieur à celui obtenu actuellement. C'est ce qu'exprimait J. Bujault, quand dans son style pittoresque, il écrivait :

« Si tu veux du blé, fais du pré, » ou encore « le pré donne le foin, le foin nourrit le bétail, le bétail fait le fumier et le fumier produit le grain. ».

Pour réaliser le maximum de rendement sur les terres cultivées, il faudra adopter un assolement rationnel, des fumures appropriées, employer des semences de choix et donner les soins culturaux convenables. Il nous est impossible d'entrer aujourd'hui dans les détails relatifs à chaque culture ; insistons seulement sur quelques points. La généralisation des chaulages et des phosphatages permettra de remplacer progressivement le seigle par le blé et cela d'autant plus facilement que les prairies étant plus développées apporteront par le fumier, aux terres granitiques la matière organique qui leur est nécessaire.

L'assolement sera établi de telle façon que les cultures se succèdent d'après leurs exigences en éléments fertilisants et que l'exploitant dispose du temps nécessaire à la préparation du sol entre deux cultures successives.

Les fumures seront rationnelles. Le fumier sera autant que possible donné aux plantes sarclées ; il sera complété par les engrais. Dans le « Ségala » la généralisation des phosphatages et des chaulages sera la base de l'augmentation des rendements. Le chaulage effectué à l'automne précédera le semis d'une quinzaine de jours ; il est utile de ne point exagérer la dose de chaux ; nous estimons que 18 à 20 hectolitres suffiront dans la plupart des cas pour une période de quatre ans.

L'acide phosphorique sera fourni par les scories et les superphosphates, les scories pour les fourrages et céréales et les superphosphates pour les plantes sarclées.

Il est à peu à près impossible de pouvoir donner un assolement approprié à chaque exploitation, cependant nous estimons que les agriculteurs du « Ségala » pourront avec quelques variantes se rapprocher du type suivant :

1re Année	*Plantes sarclées* (pommes de terre, betteraves, navets, rutabagas, etc.).	Fumier et Superphosphates
2e Année	*Céréales d'automne* (blé et seigle).	Scories et Nitrate
3e Année	*Plantes fourragères* (trèfle et ray-grass, fourrages verts, topinambours, etc.).	
4e Année	*Céréales de printemps* (orge, avoine, sarrazin).	Chaulage

Les considérations développées précédemment ont montré qu'après la guerre tous les animaux auraient une valeur élévée ; nous devons donc nous efforcer de produire une plus grande quantité de bétail et, dans tout le département nulle contrée n'est par la nature de son sol, par son climat aussi naturellement que le « Ségala » destinée à l'élevage du bétail et principalement du bétail bovin. Nous y trouvons surtout des animaux « Salers » ; nulle part, dans le Lot, nous ne rencontrons une région où la proportion des vaches soit aussi grande c'est-à-dire une région où l'élevage sera facile à réaliser et à rendre prospère. Pour cela les agriculteurs doivent modifier les pratiques suivies jusqu'à ce jour dans ce qu'elles ont de défectueux. La plupart d'entre eux sont « naisseurs », très peu sont « éleveurs » ; le renouvellement du cheptel se fait surtout par les achats effectués sur les foires où des marchands amènent les « bourrets » et « bourrettes » acquis dans le Cantal. Cette pratique presque séculaire présente cependant de sérieux inconvénients dont le principal est la qualité défectueuse des animaux introduits ; surtout pour les femelles. De plus au lendemain de la guerre, par suite de la diminution des troupeaux dans le Cantal, les ventes seront moins importantes et les prix plus élevés.

Devenez donc de plus en plus éleveurs, dirons-nous aux cultivateurs du Ségala, et modifiez l'habitude que vous avez de battre monnaie avec votre cheptel. Avez-vous une bonne vache, un bon veau dans votre vacherie, ce sont ces animaux que vous vendez de préférence, car ils permettent de réaliser la forte somme. Oh ! que ce système vous coûte cher ! Comment pouvez-vous songer à améliorer votre cheptel avec des animaux usés par le travail et quelquefois par les privations ? N'oubliez pas qu'un bon animal ne coûte pas plus à nourrir qu'un mauvais et rapporte beaucoup plus et efforcez-vous d'avoir du bétail de choix. Pour cela, il faut faire un bon choix des reproducteurs, opérer une sélection rigoureuse, placer le bétail dans de bonnes conditions hygiéniques, nourrir convenablement et soumettre les animaux à une gymnastique bien comprise.

L'étalon, le taureau, le bélier, le verrat qui font sentir leur action sur un grand nombre de femelles, doivent toujours être de conformation irréprochable. Il faut écarter de la reproduction les animaux trop vieux, tarés, ceux atteints d'une tare constitutionnelle, d'un vice héréditaire ou d'une maladie contagieuse, les animaux tristes, malingres, déplumés, les mauvais mangeurs à flanc retroussé et à ventre levrettré, les bovidés à poitrine étroite, à membres grêles, à culotte peu développée, à peau collée sur les os et, d'une façon générale toutes les femelles mauvaises laitières parce que mauvaises nourrices. Quand on ne possède pas chez soi les éléments d'un bon élevage, il ne faut pas craindre d'acheter à beaux deniers quelques reproducteurs d'élite. Les meilleurs reproducteurs, quoique les plus chers, sont toujours ceux qui coûtent le moins.

Pour un reproducteur, la conformation n'est pas tout ; il doit pouvoir transmettre surement cette conformation et de bonnes aptitudes ; cela n'est possible que si ce reproducteur est lui-même détenteur de ces qualités parce qu'il les tient de ses ancêtres. L'origine a ici une importance aussi prépondérante que les qualités individuelles ; cette origine ne peut être connue d'une façon sûre que par l'établissement de livres généalogiques. Ce sont de véritables livres de familles où tous les rejetons d'une souche ont leur page; on les appelle herd-book pour les bovidés. Ces livres fournissent de précieuses indications; ils permettent de juger de la fixité des qualités acquises. Dans toutes les régions d'élevage des races pures et perfectionnées les éleveurs ont institué ces livres qui rendent les plus grands services. Le herd-book de la race Salers fonctionne et nous devons demander qu'il étende son action à notre département.

Les petits propriétaires ne peuvent pas toujours faire les frais d'acquisition d'un taureau de choix, ils ne peuvent améliorer leur bétail s'ils sont livrés à leurs propres ressources. Il est cependant facile de remédier à cette situation; les cultivateurs n'ont qu'à se constituer en syndicats d'élevage ayant pour but le choix et l'entretien d'un ou plusieurs bons taureaux. Cette société à circonscription restreinte peut procéder de différentes manières. Il y a beaucoup à faire dans cet ordre d'idées et je ne puis aujourd'hui entrer dans les détails de l'organisation.

Les qualités natives sont susceptibles d'amélioration par une gymnastique fonctionnelle bien comprise; un animal bien soigné et bien nourri dans le jeune âge peut assimiler 65 à 70 % de sa nourriture alors que ses parents négligés ne pouvaient utiliser que 50 % dans les mêmes conditions. C'est énorme. Par une bonne nourriture et des soins judicieux, on peut transformer un mauvais mangeur en bon mangeur, un sujet tardif en sujet précoce, etc. Il s'agit de bien graduer les exercices et de s'y prendre de bonne heure.

Au point de vue hygiénique, que d'améliorations à réaliser! Vos animaux sont mal logés, souvent empilés les uns sur les autres, ils n'ont pas de place pour se coucher à l'aise et se reposer. Trop fréquemment les étables sont de véritables réduits mal éclairés où l'air ne se renouvelle pas, où les urines séjournent, fermentent et empoisonnent l'air. Le sol plus bas que le niveau extérieur laisse amasser pendant huit, quinze, parfois trente jours une litière humide et décomposée. Pas de plafond, souvent pas de râtelier, point de mangeoire. Les murs non crépis, jamais blanchis sont le réceptacle des germes les plus divers. Dans ces cloaques, les animaux s'épuisent, s'anémient et contractent la tuberculose, l'avortement épizootique; les veaux sont atteints de diarrhée. Que de maladies, que d'accidents les éleveurs pourraient éviter s'ils n'entassaient pas leurs animaux l'un sur l'autre, s'ils les tenaient plus proprement, s'ils désinfectaient leurs locaux une ou deux fois par an, s'ils prenaient quelques précautions hygiéniques indispensables.

L'alimentation doit également devenir rationnelle. Dans presque toutes les fermes on opère au petit bonheur; on nourrit à peu près quand les fourrages sont abondants, on nourrit mal lorsqu'il y a disette d'aliments; dans ces conditions, il est impossible d'obtenir un bétail perfectionné.

Le fermier ne sait pas apprécier le rôle des divers aliments, leur valeur alimentaire, discerner les plus économiques et faire d'habiles substitutions alimentaires.

L'alimentation des jeunes surtout laisse à désirer pendant la période hivernale composée presque exclusivement de foin, elle ne permet pas le développement. Il ne faut pas oublier que les jeunes animaux croissent rapidement surtout dans le premier âge; ainsi un veau augmente de 3 % de poids vif dans les premiers jours, de 1 % à la fin du deuxième mois, de 0.7 % à la fin du troisième mois. On conçoit de suite que si l'alimentation est insuffisante dans le jeune âge, il en résultera un retard qui ne se rattrape pas dans la suite.

Nous devons reconnaître que depuis un certain nombre d'années des efforts ont été faits pour améliorer la population bovine du « Ségala » ; mais il semblerait qu'il n'y ait pas eu une unité de vue et un esprit de suite suffisants pour obtenir de ces efforts les résultats qu'on était en droit d'en attendre.

Ici, on a introduit quelques taureaux Salers ; là, et surtout depuis quelques années, on a eu recours aux étalons de race limousine en vue de la production du veau de boucherie.

Nous admettons volontiers ce croisement industriel qui est capable de donner des résultats économiques très bons chaque fois que les mères seront placées dans un milieu suffisament fertile pour être alimentées convenablement et produire une grande quantité de lait, seul capable de donner un développement rapide aux veaux ; mais ce croisement néces- site, pour être poursuivi longtemps, l'entretien dans les mêmes exploi- tations de deux races pures ou des introductions continues de repro- ducteurs ce qui n'est pas sans présenter certaines difficultés techniques ou sans exiger des dépenses élevées. Peut-être vaudrait-il mieux amé- liorer les différentes productions fourragères et utiliser la race limou- sine à l'état pur. Dans l'état actuel des cultures, nous pensons *que les agriculteurs du « Ségala » doivent se livrer à l'élevage de la race Salers. Ils peuvent et doivent devenir les pourvoyeurs de « bourrets » des autres régions du département.*

Dans le « Ségala » on rencontre un assez grand nombre de moutons différant totalement des ovins qui peuplent les autres régions du Lot. Ce sont de petits animaux à toison blanche présentant tous les carac- tères de la race qui se rencontre dans la Corrèze. Ce sont des moutons « Limousins » dont l'amélioration se fera rapidement. Il suffira de se procurer quelques béliers de choix à cou court, à poitrine ample, à rein droit, à gigots dodus, bien descendus, bien ronds, à membres fins.

En général, les troupeaux sont formés d'un petit nombre de têtes et souvent la cachexie aqueuse les décime. Cet inconvénient disparaîtra quand les agriculteurs auront utilisé convenablement les eaux et drainé les parties humides des prairies.

Le mouton est un excellent moyen d'utiliser les réserves importantes de nourriture que laissent après elles les bêtes bovines. C'est encore par le troupeau que pourront être utilisées les ressources fourragères si abondantes des sous-bois et aussi les pacages qui pourraient être créés sur les parties les plus sèches et les moins fertiles du « Ségala ».

Les porcs sont assez nombreux, et les spéculations zootechniques : élevage et engraissement peuvent devenir plus lucratives, si l'on sait mieux choisir les reproducteurs, mieux nourrir les jeunes, produire davantage de pommes de terre, sarrazin et topinambours.

2° Le Limargue.

La région désignée sous le nom de « Limargue » forme à l'ouest du « Ségala » une bande dont la largeur varie de 6 à 14 kilomètres, sa superficie est de 30.000 hectares environ. Elle est constituée par les roches du trias et surtout du Lias.

Le Trias repose sur les granits, gneiss ou micaschistes qui forment le Ségala ; il est surtout représenté par des grés qui se présentent avec des aspects variés. Le Trias est peu important et la décomposition des roches donne des terres sablonneuses et peu fertiles dont les propriétés, la composition et l'utilisation sont analogues à celles étudiées précédemment.

Le Lias est surtout formé par des grés blancs ou jaunes, des calcaires plus ou moins compacts et des marnes de différentes couleurs. Il forme entre les roches cristallines et les calcaires des causses, des bandes plus ou moins larges de terrains argilo-calcaires, dont la fertilité contraste généralement avec celle des plateaux arides qui les entourent.

Les terres de cette région sont en général fertiles et propres à toutes les cultures. Leur seul défaut tient à leur constitution physique; souvent la proportion d'argile y est très élevée et le terrain devient compact, tenace et difficile à travailler.

Ces défauts peuvent être corrigés par des labours profonds exécutés d'une façon progressive, par des chaulages et même par le drainage.

Ces terres fortes exigent beaucoup de travail et si jusqu'à présent les petits propriétaires qui ne comptent pas leur main-d'œuvre ont maintenu ces sols en cultures, il y aurait avantage à renoncer à y faire des céréales. Ces terres exigent en effet nombreuses façons culturales. Pourquoi employer tant de travail à empêcher de pousser l'herbe? Il faudrait au contraire en semer davantage et couvrir de prés ces terres si disposées à en produire naturellement. On économiserait ainsi beaucoup de main-d'œuvre et au lieu de faire du blé, on élèverait ou engraisserait du bétail. Bien des terres cultivées dans cette région seraient avantageusement transformées en excellentes prairies. Nous en avons vu dans les communes d'Autoire, St.-Jean-Lespinasse, Aynac, etc.

Dans le « Limargue » toutes les terres les plus compactes, les plus humides doivent être aménagées en prés. L'ensemencement pourra se faire avec les graines suivantes :

Paturin des prés..................... 10 kilos
Fléole............................. 5 »
Fétuque des prés.................... 8 »
Ivraie vivace...................... 5 »
Dactyle............................ 5 »
Fromental.......................... 5 »
Trèfle commun...................... 4 »
Trèfle blanc....................... 5 »
Luzerne............................ 2 »

Les autres terres moins compactes, plus faciles à travailler seront livrées à la culture et l'assolement sera combiné de telle façon que les exploitants puissent disposer du temps voulu pour la préparation des sols ; il faudra également se préoccuper d'assurer une extension des prairies artificielles dans le but de diminuer la main-d'œuvre et d'augmenter les ressources alimentaires pour le bétail. Une superficie plus ou moins grande suivant la nature des terres sera consacrée à la culture de la luzerne et mise ainsi hors de l'assolement.

Un assolement quadriennal devrait être adopté de façon à ne faire revenir les céréales que tous les deux ans sur la même sole. Et qu'on ne croie pas qu'en réduisant la surface des céréales on obtiendra moins de grain. C'est l'inverse qui est vrai.

Dans le Limargue, la fertilité des terrains pourra être maintenue par la restitution des principes fertilisants enlevés au sol par les récoltes. En dehors du fumier, les agriculteurs auront recours aux engrais phosphatés, superphosphates de préférence.

A titre d'indication, nous conseillons l'assolement suivant :

1re Année	*Racines fourragères fumées et défoncées* (betteraves et pommes de terre).	Fumier et super-phosphates.
2e Année	*Froment*	Super. et nitrate.
3e Année	*Trèfle ou fourrages verts*	
4e Année	*Céréales de printemps* (avoine et maïs.	Super. et nitrate.

L'exploitation du bétail sera facile dans le « Limargue » et les spéculations auxquelles les agriculteurs pourront se livrer seront surtout sous la dépendance des débouchés locaux. Au voisinage des agglomérations la production du lait peut être une source de bénéfices ; à une distance plus grande, l'élevage des bovidés achetés jeunes dans les régions de « naisseurs » donnera de bons résultats ; la production des veaux de boucherie et des agneaux gras est ici complètement à sa place. Il en est de même pour l'engraissement des porcs.

3° Les Causses

Les « Causses » constituent environ les deux tiers du département. Toute la région désignée sous ce nom présente beaucoup d'analogie. Ce qui est le plus caractéristique, c'est le peu d'épaisseur de la couche arable toujours mélangée à une quantité plus ou moins grande de pierrailles. La couche de terre n'a guère que 10 à 15 centimètres d'épaisseur ; et, souvent moins, fréquemment les bancs de calcaire sont à nu. Ce peu d'épaisseur de la terre a une conséquence désastreuse, c'est que les sols sont incapables d'emmagasiner l'eau nécessaire au développement des plantes et toutes les cultures souffrent de la sécheresse. Dans ces conditions, les cultures ne peuvent donner que de faibles rendements bien que ces sols soient suffisamment pourvus en éléments fertilisants. Il y a donc lieu de rechercher la meilleure destination à donner à toutes ces terres. Cette destination sera sous la dépendance exclusive de la profondeur de la couche arable.

Là où le roc est à nu ou affleure presque, toute culture est impossible et l'on ne peut songer qu'à boiser ces terrains ; leur boisement est le seul moyen d'obtenir un rapport, nous conseillons d'utiliser surtout le « Pin noir d'Autriche » qui pourra être associé au « Cèdre ». La plantation devra se faire avec des jeunes plants vigoureux, bien racinés. Elle aura toujours lieu à l'automne, c'est une condition essentielle du succès.

Aux cultivateurs propriétaires, nous dirons : Pour les boisements, groupez-vous en syndicats pour faire des bois d'une étendue respectable au lieu d'éparpiller vos efforts çà et là en petites pépinières isolées qu'il est à peu près impossible de défendre contre la dent des moutons.

Dès que la couche de terre atteint une mince épaisseur, il est possible de tirer parti des sols du Causse en créant des pacages à moutons. Beaucoup de petits propriétaires s'obstinnent à cultiver des sols dont la trop faible couche de terre ne permet pas l'obtention de rendements avantageux. La création de paturages est une des améliorations les plus importantes que peuvent réaliser les agriculteurs des contrées sèches ; un mauvais pacage vaudra toujours mieux que ces champs pierreux et desséchés où le blé triple à peine la semence, cette culture étant source de ruine et de misère pour les exploitants.

La création des pacages comprendra différentes opérations successives savoir : la préparation du sol, la fumure.

La préparation du sol se fera avec les instruments dont on dispose, on aura pour objectif le nettoiement des terres et la formation d'une mince couche meuble dans laquelle on pourra enfouir les semences. Le semis s'effectuera à l'automne ou au printemps ; à l'automne dans un sol nu, au printemps dans une avoine ou une orge qui aura été semée clair. On aura recours à des graines pures. La formule suivante sera utilisée :

Fétuque ovine	15	kilos
Brôme des prés	5	»
Dactyle pelotonné	5	»
Sainfoin	10	»
Minette	2	»
Trèfle jaune	3	»
Pimprenelle	5	»
Centaurée jacée	3	»

Avant le semis, on peut enfouir 300 kilos de superphosphate à l'hectare. Ces pacages auront une durée variable qui sera sous la dépendance de la réussite des semis, de l'épaisseur de la terre et des soins d'entretien qu'ils recevront. Chaque année, au mois de février et mars, il sera bon de leur donner un ou deux hersages croisés.

Pour réussir, il est presque indispensable de procéder au remembrement de la propriété de façon à pouvoir assurer économiquement la garde des troupeaux. On pourrait arriver à un résultat identique par la constitution de troupeaux communaux confiés à un ou plusieurs bergers.

Ce n'est que lorsque la terre atteindra une épaisseur de 10 à 15 centimètres qu'il sera possible de se livrer à la culture proprement dite. Ici encore des modifications assez nombreuses sont à introduire dans les pratiques généralement suivies. Ce que nous avons dit à propos des réserves d'eau du sol nous indique la voie qu'il faut suivre : faciliter la constitution des réserves d'eau du sol en augmentant la proportion de matière organique des terres par le développement des cultures herbagères. Ce résultat pourra être atteint en créant des prairies temporaires et en augmentant la surface consacrée aux prairies artificielles. Sur un sol propre, convenablement fumé au fumier de ferme et par l'addition de 5 à 600 kilos de superphosphate, on sèmera à l'automne ou au printemps le mélange suivant :

Brôme des prés	10	kilos
Avoine élevée	10	»
Fétuque ovine	10	»
Dactyle pelotonné	4	»

Trèfle blanc........................ 2 »
Anthyllide vulnéraire.............. 4 »
Minette........................... 2 »
Pimprenelle....................... 3 »

Ces prairies seront susceptibles de donner pendant quelques années une bonne coupe et constitueront ensuite un excellent pâturage.

L'assolement des terres en cultures pourra se rapprocher du type suivant :

1re Année	Plantes sarclées (Pommes de terre, maïs et betteraves).	Fumier, superphosphate et engrais potassique.
2e Année	Froment	Superph. et nitrate.
3e-4e Ann.	Sainfoin (Topinambours. Fourrages annuels).	
5e Année	Céréales (blé et avoine)	Superphosphate.

Partout où la chose sera possible, il faudra planter des noyers, des chênes truffiers, des arbres fruitiers.

Le bétail dans les Causses est loin d'être aussi nombreux qu'il pourrait l'être.

Les bovidés sont surtout représentés par des bœufs ; nous estimons que les petits cultivateurs auraient un gros intérêt à entretenir une proportion de vaches plus élevée, à perdre un peu l'habitude d'être « maquignons ». Nos agriculteurs courent trop les foires pour tenter de gagner une faible somme sur des bœufs achetés depuis peu de temps. Que de pertes d'un temps précieux cette habitude entraîne.

La spéculation animale principale sera ici l'élevage des moutons, le développement de plus en plus grand de cette belle race ovine si sobre et si rustique qu'est la Race des Causses du Lot.

Aux éleveurs nous répéterons ce que nous disions l'an dernier au concours de Gramat. Choisissez vos reproducteurs parmi les animaux à cou court, à poitrine ample, à rein droit, à croupe large, à gigots dodus, bien descendus, bien ronds, à membres fins. N'abusez pas de vos béliers et souvenez-vous que 30 à 35 brebis doivent suffire à un bélier. Renoncez à cette néfaste habitude d'avoir un agnelage continu ; faites naître vos animaux au printemps de façon que les brebis puissent être conduites dans les pacages et avoir ainsi une grande quantité de lait permettant une alimentation copieuse des agneaux et que ceux-ci trouvent au moment du sevrage une nourriture abondante et substantielle dans ces pacages. Dans vos troupeaux, castrez impitoyablement dès le bas âge les produits que vous ne voulez pas conserver pour la reproduction. Vendez les brebis trop vieilles.

Préoccupez-vous de l'hygiène des bergeries. Aménagez-les convenablement autant pour l'hygiène de vos bêtes à laine que pour une meilleure préparation du fumier de mouton, dont un vieux proverbe disait :

« Il n'y a ni prière, ni oraison,
« Il n'y a que le fumier de mouton ».

Dès le bas âge, procédez à l'amputation de la queue, cet appendice est inutile, il déprécie la valeur de la laine et utilise pour sa formation des matières alimentaires qui pourraient avoir une meilleure destination.

Nous ajouterons encore : Souvent la petitesse des troupeaux ne permet pas l'entretien d'un bélier, alors groupez-vous pour l'achat et l'entretien en commun de reproducteurs mâles de conformation irréprochable.

Développez les cultures capables d'assurer un meilleur hivernage, faites dans vos terres des pommes de terre, des topinambours, des rutabagas, des navets, des choux, etc., de façon à assurer un meilleur hivernage. Tous les sacrifices que vous ferez à ce point de vue vous seront largement compensés par la plus value acquise par votre troupeau.

La race porcine sera soumise à l'engraissement.

4° Le Quercy Blanc

On appelle ainsi la région sud-ouest du département constituée par le miocène, dont les roches sont excessivement variables, depuis des argiles marneuses jusqu'à des calcaires durs en passant par des calcaires généralement blancs et terreux, peu durs. La décomposition de ces roches donne naissance à des terrains d'une nature et d'une qualité variable.

On y trouve tour à tour des terrains légers, superficiels, secs, se distinguant de ceux du Causse par une proportion de chaux plus élevée, des sols argilo-calcaires plus profonds, des terres presque stériles. Nous pourrions répéter ici ce que nous avons dit à propos des Causses. Qu'il nous suffise d'appeler l'attention des agriculteurs sur les points suivants : les sols de cette région sont en général pauvres en acide phosphorique et en azote, d'où la nécessité des phosphatages et du développement des prairies artificielles (1).

Les cultivateurs du Quercy blanc gagneraient à modifier leur assolement et à faire revenir le maïs moins fréquemment sur les mêmes sols.

Les bovidés appartiennent en général à la race Garonnaise, leur amélioration sera facilitée par l'introduction de taureaux de choix.

5° La région Crétacée

La région crétacée s'étend sur une partie des cantons de Gourdon, Salviac, Cazals et Puy-l'Evêque. Le sol est généralement sablonneux, d'une couleur jaune, rouge, ou brune. Cette région est relativement fraîche et il n'est pas rare d'y rencontrer dans le fond des vallées des parties marécageuses car la roche sous-jacente, le grès y est fréquemment très compact et imperméable.

Les terres y sont généralement pauvres, mais grâce à leur fraîcheur, il est possible avec un emploi judicieux des engrais chimiques d'y obtenir de forts rendements. Les sols se rapprochent assez des terres provenant des roches primitives aussi doivent-ils être traités un peu comme ceux du « Ségala » c'est-à-dire boisement avec le Pin Sylvestre des parties les plus arides, augmentation des prés dans les parties basses des vallées, irrigation de ces prairies, développement des cultures fourragères telles que pommes de terre, topinambours.

Ici, il sera possible dans bien des cas de se livrer à l'élevage des bovidés et par suite des habitudes commerciales, de la nature du sol, nous pensons que les cultivateurs pourront avantageusement utiliser la race

---

(1) Sur les coteaux bien exposés, la culture du chasselas doit être développée.

limousine, surtout s'ils adoptent un assolement leur permettant de bien nourrir pendant la mauvaise saison et s'ils font un large emploi des engrais phosphatés. Quant aux ovidés, nous leur conseillons également la race limousine de préférence aux moutons caussenards.

L'élevage des porcins sera facilité par suite de la possibilité du déve-loppement des châtaigneraies.

Des essais de plantation de Pins maritimes en vue du gemmage ont eu lieu sur les parties les plus sableuses; il ne serait peut-être pas prudent de les généraliser avant la consécration de l'expérience.

6° Terrains du diluvium

« Sur toutes les formations précédentes, se trouvent des lambeaux de » terrain diluvien composé de sable quartzeux, d'argile de différentes » couleurs, de gravier et de cailloux roulés. » (M. Rey). On en trouve à Bagnac, Montredon, Livernon, Gréalou, Varaire, Beauregard, dans les cantons de Gourdon, St-Germain, Catus, Salviac, Cazals et Puy-l'Evê-que, etc.

La nature de ces terrains est très variable; ils sont tous caractérisés par la présence de cailloux roulés et par une proportion d'argile plus ou moins forte. Ce sont en général des sols silico-argileux dont la valeur dépendra de leur épaisseur, cette dernière est quelquefois grande et ces sols peuvent devenir fertiles si le cultivateur sait les amender. Comme dans le Ségala, les chaulages s'imposent, l'emploi des engrais phospha-tés est indispensable, mais de plus il sera nécessaire pour obtenir de hauts rendements de faire usage des engrais potassiques. Toutes les cultures peuvent être entreprises sur ces sols.

Leur amélioration aura pour base leur ameublissement de plus en plus profond ; l'usage des labours profonds, des fouillages doit se généraliser.

Il arrive assez fréquemment que la proportion d'argile augmente et nous avons alors des terrains compacts, difficiles à travailler sur les-quels il n'est pas rare de voir des joncs et des carex. Là, quelques drai-nages donneront de bons résultats. Enfin, ces sols argilo-siliceux sont favorables à la création des prairies temporaires et c'est la destination à leur donner chaque fois que la compacité et l'humidité en rendent le travail difficile, long et coûteux. La même préparation devra être réalisée comme pour toute création de prairie, c'est-à-dire nettoiement complet du sol, fumure forte, phosphatage avec scories. Les graines qui conviendront pour ces sols sont :

Ray-grass anglais	20 kilos
Dactyle pelotonné	10
Trèfle blanc	3
Trèfle hybride	3
Minette	3
Sainfoin	10

Ici encore, l'assolement devra être plutôt fourrager que producteur de grains.

7° Terrains d'alluvions

Les vallées du Lot et de la Dordogne sont constituées par des terres silico-argileuses, profondes et fertiles. Bien que dans l'ensemble ces terres aient beaucoup d'analogie, il existe cependant des différences assez sensibles qui tiennent à la proportion de la silice de l'argile et surtout à la grosseur des éléments silicieux. Quand la silice est constituée par du sable grossier et qu'elle n'est pas dominante, nous avons des sols qui deviendront parfaits par l'apport de chaux et où toutes les cultures sont susceptibles d'atteindre les plus hauts rendements. Quand au contraire c'est l'argile qui domine ou quand la silice y existe en éléments très fins, ce qui est assez fréquent surtout dans la partie inférieure de la vallée du Lot, nous avons à faire à des sols silico-argileux, compacts, imperméables, à des terres battantes difficiles à travailler, s'enherbant facilement, dans ces terres, l'agrostide est un véritable fléau. Elles doivent être transformées en prés.

Avec un peu d'initiative on obtiendrait là des quantités considérables de fourrage.

C'est dans ces sols que les cultures maraichères pourraient prendre une grande extension surtout si les agriculteurs voulaient, par l'association, utiliser les eaux des rivières en vue de l'irrigation.

CONCLUSIONS

De l'ensemble des faits exposés au cours de cette conférence, cherchons à dégager quelques idées directrices.

En premier lieu, les conditions économiques nous imposeront de diminuer de plus en plus les frais de main-d'œuvre, nous y arriverons par la diminution des terres cultivées grâce au boisement, par l'emploi des machines et surtout par le développement des cultures (prairies) exigeant moins de travail de l'homme.

En second lieu, le cultivateur du Lot doit lutter contre la sécheresse des terres ; il y réussira dans une certaine mesure par l'emploi des engrais, l'exécution des façons culturales judicieuses, mais surtout en augmentant la proportion de matières organiques du sol grâce au développement des cultures herbagères et fourragères qui permettront de fabriquer plus de fumier.

Les efforts devront se porter sur les terres les meilleures dont la préparation physique et chimique sera aussi parfaite que possible avant d'y placer des semences de choix ; quant aux plus mauvais sols, soit qu'ils manquent de profondeur, soit qu'ils soient trop pauvres en éléments fertilisants, soit que leur situation sur les côteaux les rende difficiles à travailler, ils seront suivant les cas, tranformés en bois, pacages, plantations fruitières ou truffières.

De grands efforts doivent être réalisés dans l'élevage, l'entretien des animaux par un meilleur choix des reproducteurs, une meilleure alimentation, de meilleures conditions hygiéniques, etc.

Les agriculteurs n'oublieront pas que l'Association sous toutes ses formes leur permettra de réaliser plus facilement toutes les améliorations, les Syndicats agricoles divers rendront l'agriculture plus productrice, les Caisses de crédit plus facile, les Mutuelles plus certaine.

Il faut dans l'ensemble transformer la culture, qui jusqu'à aujourd'hui a été surtout « vivière », le cultivateur cherchait à produire la presque totalité des choses nécessaires à la vie tout en réduisant les frais généraux de sa culture. Aujourd'hui, la famine n'est plus à craindre et l'agriculteur doit avant tout rechercher le bénéfice net, pour cela il doit acheter plus souvent pour produire davantage, il doit vendre mieux. Bien que le département du Lot ne soit pas favorisé naturellement, nous sommes certain que dans toutes les régions, une ère de prospérité peut se développer, prospérité qui aura pour conséquence de rendre à la terre une partie de sa valeur et de diminuer dans une forte proportion la désertion des campagnes. C'est à ce but que nous consacrerons nos efforts, c'est à réaliser cette prospérité que nous essaierons de grouper toutes les bonnes volontés et nous nous estimerons heureux si nous pouvons y contribuer dans une certaine mesure.

Messieurs, j'ai terminé, j'ai abusé de vos instants, vous voudrez bien m'excuser, mais, j'aurais voulu dans cette conférence vous persuader qu'avec une meilleure utilisation des forces naturelles il était possible d'obtenir des résultats bien supérieurs à ceux que l'on a aujourd'hui et j'aurais voulu surtout que vous partiez bien convaincus pour que, d'ici quelque temps, quand vos fils, vos frères, vos parents rentreront à la maison couronnés des lauriers de la victoire vous puissiez leur dire : notre vieux Quercy peut devenir riche, restez à la terre, travaillez la d'une façon intelligente et vous serez récompensés de vos efforts par une victoire plus belle que celle que vous venez de remporter. vous ferez naître plus de bonheur, plus de liberté, plus de fraternité dans nos campagnes qui redeviendront riantes et prospères.

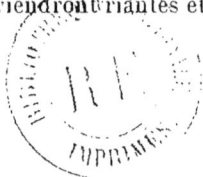

www.ingramcontent.com/pod-product-compliance
Lightning Source LLC
Chambersburg PA
CBHW060456210326
41520CB00015B/3971